小猛犸童书

懂懂鸭 著

茶，一片树叶里的中国

四季可采

华南茶区

電子工業出版社
Publishing House of Electronics Industry
北京·BEIJING

茶，作为我国的国饮，已经深深渗入我国五千年的历史文化中了。从神农尝百草初次发现它的药用功效，到唐朝饮茶风俗传向大江南北，传统的中国茶道自此形成。宋朝，人们还在喝茶上玩出了新高度，热闹的斗茶在此时盛行。到了明清时期，制茶和饮茶都走向了简化，人们更爱冲泡散茶，并将饮茶之风带到了世界各地。如今，我国已然成为世界最大的茶叶生产国和消费市场，拥有西南、华南、江南、江北四大茶区。

序 吃茶的上下五千年

神农氏亲尝百草，教会人们开荒种地、吃药治病。传说他曾因尝草一天身中72种毒，直到吃到茶叶才得以解毒。自此，人们便把茶叶当药物使用，或将它加入饭菜中。

神农尝百草，茶叶脱颖而出

隋唐时期流行煮茶饼。那时人们煮茶不仅要放茶末，还会放盐、葱、花椒、陈皮等调味料，饮时连茶末一起喝掉，有滋有味。不过，陆羽认为这种饮茶法不雅，推崇单煮茶叶的清饮方式，他还写出了我国第一部"茶叶百科全书"——《茶经》，被尊为茶圣。

唐 煎茶法：从浓汤到清饮

宋 点茶法：手打泡沫茶

宋朝人淘汰了煎茶法，而用点茶法。它与煎茶法最大的不同就是不再用锅煮茶末，而是将茶末放入茶盏里，直接用开水冲点，然后再用茶筅反复击打出泡沫。它和抹茶很相似，既可以直接喝又可以用来斗茶。

点茶

明清 泡茶法：回归简单的本真

1.投茶

2.洗茶

3.滤茶

4.分茶

明清时期是制茶和饮茶技艺大变革的时代，这时流行散茶、叶茶，红茶、乌龙茶等新茶类先后被创制出来。人们也更爱用茶壶泡茶，且重视冲泡技巧和茶叶本味，并沿用至今。潮汕工夫茶就是泡茶道茶艺的集大成者。

五颜六色的六大茶类

新鲜茶叶都是绿色的，只是因为对茶叶的加工工艺不同，导致发酵程度不同，使得茶叶中的茶多酚被氧化，逐渐产生茶黄素、茶红素等深色物质，才相继出现了绿茶、白茶、黄茶、青茶（乌龙茶）、红茶、黑茶这宛如调色盘的六大茶类。

最·鲜爽
绿茶

最·简单
白茶

最·平和
黄茶

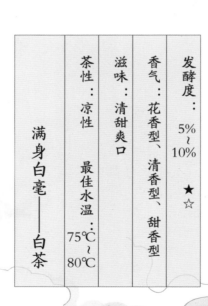

绿茶

发酵度：0
香气：花香型、清香型、嫩香型
滋味：清淡香扬
茶性：凉性
最佳水温：75℃~80℃
绿叶绿汤——绿茶

白茶

发酵度：5%~10%
香气：花香型、清香型、甜香型
滋味：清甜爽口
茶性：凉性
★☆
最佳水温：75℃~80℃
满身白毫——白茶

黄茶

发酵度：10%~20%
香气：嫩香型、花香型、焦香型
滋味：甜爽
茶性：凉性
★★
最佳水温：85℃~90℃
黄叶黄汤——黄茶

绿茶是我国最主要的茶类，它只经杀青（防止变红）、揉捻（整形）、干燥（去湿）这几个工序，保住了鲜叶中大量的天然物质，因此颜色最绿，味道也最新鲜清爽。

白茶主要采用茶芽制作，工序也最简单，只经过晾晒或干燥工序，因此茶形最完整，白毫毛也最多，看起来如银似雪。但它会在后期储存中轻微发酵，滋味比绿茶更清淡回甘。

把未干燥的绿茶放到湿热的环境中闷黄一小段时间，使它产生轻微的氧化变色，就得到了"黄叶黄汤"的黄茶了。因苦涩的茶多酚减少了，它的茶味比绿茶更平和甘甜。

青 茶

红 茶

黑 茶

青茶
- 发酵度：30%～60%　★★★☆
- 香气：清香型、浓香型
- 滋味：香浓微苦
- 茶性：中性　最佳水温：95℃～100℃
- 绿叶镶红边——青茶

　　青茶（乌龙茶）有一个显著特点——绿叶镶红边，即叶子边缘发酵变红了，但中间还是绿的，因此它属于半发酵茶。它综合了绿茶和红茶的工艺和口味，既清香又浓醇。

红茶
- 发酵度：80%～90%　★★★★
- 香气：火香型、焦香型、甜香型
- 滋味：香浓甜润
- 茶性：温性　最佳水温：95℃～100℃
- 红叶红汤——红茶

　　红茶是全发酵茶，它的茶多酚几乎都被氧化了，产生了大量的茶黄素和茶红素，还增加了单糖、氨基酸和香气物质。因此它不仅"红叶红汤"，而且茶味极其香甜浓郁。

黑茶
- 发酵度：60%～80%　后发酵　★★★☆
- 香气：木香型、陈香型
- 滋味：醇厚甜润
- 茶性：温性　最佳水温：90℃～100℃
- 深沉发酵——黑茶

　　黑茶的发酵，是把揉捻后的茶叶直接堆积起来，洒水保温，利用微生物来促进茶叶内含物质转化。它的颜色最深、口味最厚实凝重，常被做成砖茶、饼茶等紧压茶。

泡茶是门大学问

俗话说：壶内乾坤大，茶中岁月长。仅仅是冲泡一杯茶都大有讲究。它既要考虑选取什么样的茶具，又要运用精准巧妙的手法来冲泡、分茶，以保证茶的色、香、味俱佳，使品茶者能够充分领略茶所带来的绝妙享受和美妙意境。于是博大精深的茶艺诞生了。

但凡讲究的茶艺表演，要用到的茶具是非常繁多的。单是冲泡前，就要用到茶海、茶则、茶匙、茶荷、茶夹等备茶、理茶器；冲泡要用茶壶或盖碗；品茶和分茶则少不了闻香杯、公道杯、品茗杯等茶杯。

茶具，种类繁多

紫砂壶

公道杯

茶道用具

客杯

客杯

水盂

散茶荷

茶叶

客杯

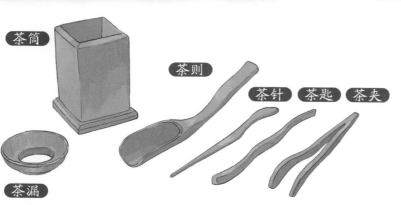

茶筒

茶则

茶针　茶匙　茶夹

茶漏

茶道六君子

　　茶筒（装茶具）、茶则（量取茶叶）、茶匙（挖茶渣）、茶漏（放在壶口，防止茶叶掉落）、茶针（疏通）、茶夹（夹茶杯防烫），合称茶道六君子，一般用竹木做成，是茶道必不可少的组合器具。

大茶壶·烧水

小茶壶·泡茶

大小茶壶

　　烧水用大茶壶，泡茶则用小茶壶（如紫砂壶）。小茶壶做工精细，泡茶更甘甜香醇。

公道杯

　　公道杯是分茶专用杯，敞口大肚，用来均匀衡量每杯茶的浓度、茶量，以示"公道"。

冲泡，没那么简单

如果茶类、茶叶老嫩、水温不一样，那么它们的冲泡法也是大相径庭的。常用的冲法有高冲、低注、回旋、凤凰三点头等，泡法则根据茶具不同分为壶泡法、盖碗泡法以及玻璃杯泡法。

出味——悬壶高冲

提壶从高处往茶壶中注水，水流小而连续，让茶叶随水翻滚，充分受热，挥发出茶味。

保温——低注法

贴近壶口快速注水，意在减少热量损失。常用于红茶、普洱茶等高温冲泡茶。

让茶叶起舞——回旋法

先往茶杯中央注水，再绕杯口旋转注入，使得茶叶上下沉浮旋转，增加品茶情趣。

冲泡方法

用手腕力量将水壶由低至高连续起落，反复三次，使茶叶在水中翻动。

注意事项

1.手肘放平，不要缩手，使其看着美观。

2.倒水时，均匀使力。

3.注水时，注意手腕与手肘需要有不疾不徐的节奏。

好看的茶礼——凤凰三点头

由高至低，上下往返三次注水。这时壶嘴随之一起一落，犹如凤凰点头，又像在行三叩首礼，是泡茶技巧和艺术的结合。

目录

色香味俱全的茶饮和茶食——广东

　　广东位于南海之滨，其省会广州自古以来就是茶叶外贸的主要港口城市。一道南岭就像天然屏障横在广东的北部，既挡住了从北方来的寒流，又留住了从东南海面吹来的湿热空气，使得广东变成了水热充足、物产丰饶的好地方。而横贯半省的珠江水系为这片富饶的土地提供了四季通行的黄金水道，不仅连通内陆，还能走向世界。千百年来，这里的沿海地区得风气之先，逐渐发展出了中西结合、丰富多彩的粤式茶饮文化。

热烈似火的南粤

南粤，是一片被光和热眷顾的土地。这里既有长达大半年的漫长夏天，也有色彩奔放、灿如红霞的丹霞地貌。也正是这种独特的气候条件和地理环境，孕育出了木棉花、荔枝等热烈似火的奇花异果，以及白鹇、中华穿山甲、华南虎等珍禽猛兽。

高贵美丽的『闲客』——白鹇

白鹇是鸡中的"凤凰"，举止优雅闲适。自古以来，白鹇就是名贵的观赏鸟，深受文人墨客的追捧。李白曾在诗中写下"白鹇白如锦，白雪耻容颜"的赞美之语。

华南虎头圆，耳朵短，体型较小，四肢却粗大有力，奔跑速度极快，追捕能力也很强。它原本广泛分布于国内林地，如今却变成濒危物种，十分稀有。

濒危稀有的华南虎

色若渥丹，灿若明霞——丹霞地貌

丹霞地貌，就是由红色的山或岩石组成的地貌，它是红砂岩经风化和流水侵蚀后形成的以陡崖坡为特征的红层地貌，其特点是山顶平缓、山体陡峭且泛红色，远看宛如晚霞一般耀眼。我国是丹霞地貌分布最广泛的国家。

红色堡垒群——丹霞山

在粤北韶关，丹霞山峰崖崔巍、赤壁四立、绿树上覆，宛如一座座藏在深山中的红色古城堡。后来地质学家冯景兰在考察这座山时有感而发，首次提出了"丹霞"的地貌概念。

丹崖绝壁上的神秘悬棺

江西龙虎山也是丹霞地貌，万山透红，丹崖绝壁就屏立在绿水之畔。这些崖壁在风吹雨蚀之下，发育出众多的丹霞洞穴，上面有不少古越人留下的崖墓悬棺。

赤橙黄绿青蓝紫，谁持彩练当空舞

甘肃张掖七彩丹霞是最绚丽多彩的丹霞地貌，它集合了丹霞的红艳以及彩丘的多彩，红、灰、白、绿、橙、黄等多种颜色呈带状交错层叠，如同仙女的彩带散落人间，美不胜收。

英雄之花——木棉花

岭南佳果——龙眼和荔枝

披甲戴盔的穿山甲

木棉又叫红棉，每年三四月，它高大的树枝上就会开出一朵朵硕大鲜红的木棉花。那红艳而不媚俗的颜色，仿佛英雄的鲜血染红了树梢，因此又称"英雄花"。

龙眼和荔枝是一对风格迥异的"姐妹花"，虽然它们都有晶莹洁白的果肉，但龙眼表皮褐黄，而荔枝果皮红艳。此外，龙眼不仅是水果，还是很好的药材。

穿山甲全身披着坚硬的鳞甲，具有强悍的防御力。它视力极差，但嗅觉和听觉却十分敏锐，平时依靠嗅觉和长舌头舔食白蚁、蜂蜜和其他昆虫充饥。

河网密布的珠江口

广东雨水丰沛，水资源丰富，拥有南方第一大水系——珠江水系。珠江水系就像一棵枝杈丛生的大树，其西江、北江、东江三大支流犹如粗壮的树杈，汇入珠江三角洲，最后通过珠江口的八个入海口进入南海。它不仅是南方的母亲河，也是华南经济文化发展的黄金大动脉。

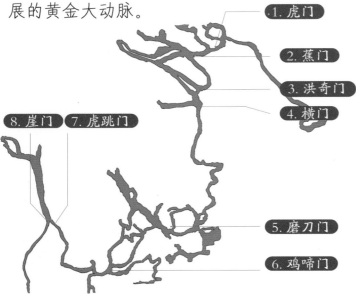

1. 虎门
2. 蕉门
3. 洪奇门
4. 横门
8. 崖门 7. 虎跳门
5. 磨刀门
6. 鸡啼门

珠江口：八门夺海

珠江共有八个入海口，号称"八门夺海"，其中虎门、横门等东四门往东流入伶仃洋，崖门、磨刀门等西四门则往南汇入南海。这是因为珠三角低洼多山丘，当河流经过时很容易分叉改道，从而造就了八口夺海的奇观。

桑基鱼塘

珠江三角洲地势低洼，常年多雨多灾，基本种不了庄稼。智慧的当地劳动人民研发了"桑基鱼塘"，将低洼的地方挖成鱼塘，并将挖出的塘泥堆在鱼塘边种植桑树。这样，桑叶用来养蚕，蚕粪用来养鱼，鱼塘里的塘泥用来做桑树的肥料，最后"蚕壮、鱼肥、桑茂盛"，可谓一举三得。

南海之滨

广东的整个东南部都被南海环抱着，拥有漫长的海岸线、辽阔的海域以及丰富的海洋资源，是我国著名的海洋生物资源大省和海洋水产大省。

美味的牡蛎

牡蛎也叫生蚝，它肉质鲜美、营养丰富。早在先秦时期，我国南方沿海的人们就开始食用、养殖牡蛎了，湛江、阳江等地就是著名的"生蚝之乡"，炭烧生蚝、蚝仔煲等都是当地独具特色的美食。

力大如牛的鼋（yuán）

鼋是最大的鳖，它头小吻短，体长能达一米多，体重接近100千克，力大如牛，即使驮着一千斤重的东西也能行动如常。

价值连城的黄唇鱼

黄唇鱼长近两米，重可达一二百斤，是名副其实的凶猛鱼类。它的鱼鳔还是名贵的中医补品，"贵如黄金"，因此招来了前赴后继的捕捞者，也就导致了黄唇鱼种群的濒危。

粉色的海豚——中华白海豚

中华白海豚虽然叫"白"海豚，可它长成后却是粉色的。它并不是鱼类，而是哺乳动物，主要生活在入海口。由于人类的捕杀，中华白海豚的数量锐减，十分稀有，因此有"海中大熊猫"之称。

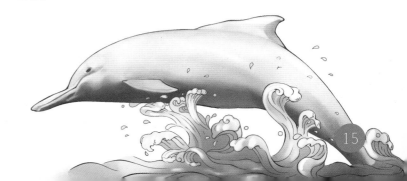

茶叶走向世界的"窗口"——广州

早在西汉时期，广州的港口就驶出一条条满载茶叶、丝绸等特产的船，换回了大量的奇珍异宝。到了唐代，广州已经发展成为世界著名的东方大港。至清朝中期，清政府的"一口通商"政策使得广州成为我国唯一的对外通商口岸。当时，在这座繁忙的港口城市中，大批商人云集，货物堆积如山，买卖的盛况令人难以想象。也正是这个时期，茶叶第一次取代丝绸成为我国外贸的主角，并从广州起航，踏上了征服世界的旅程。

十三行夷馆

天子南库——广州十三行

广州十三行是代表清政府与外商进行交涉的中间人，外商买卖货物、缴纳关税等都要经由十三行。在"一口通商"时代，十三行发展到了巅峰，被誉为"金山珠海，天子南库"。

海上丝绸之路

海上丝绸之路是我国古代对外交通、贸易的海路，一般从泉州或广州出发，跨越南海到达东南亚、南亚、地中海等地。中外文化通过它实现了持久的碰撞交流，我国的文化也经由茶叶、丝绸等货物成功打入异国他乡，广泛影响他们的生活方式和思维理念。

珠江

河南

漱珠桥

漱珠涌

漂洋过海的茶叶

明末清初，中西交流增强，中国茶文化也因此远播欧洲。这股嗜茶之风从葡萄牙、荷兰开始，再到英国，最后席卷整个欧洲，一场崇尚东方文明的"中国热"应运而生。随着茶叶在西方盛行，西方人的饮食结构和用餐习惯逐渐改变，其社会生活和娱乐活动也由此丰富起来。

引领风气的"饮茶皇后"

葡萄牙是最早品茶的欧洲国家，葡萄牙公主凯瑟琳甚至开风气之先。她嗜茶成性，在嫁入英国皇室时以红茶和茶具为嫁妆，将饮茶之风带入英国上流社会，最终促成了英国乃至欧洲茶文化的形成。

以茶为药的西医

最初，西方人都把茶当药物使用。据传说荷兰人甚至称它为"万灵之水"。当时有个荷兰医生，坚信茶能包治百病，他给病人开得最多的药方是"每天喝50到200杯茶"。

嗜茶如命的英国人

英葡联姻后，茶叶逐渐从贵族的茶话会走向了平民的日常生活。其中，以下午茶最具特色：每天下午，衣着讲究的绅士淑女欢聚一堂，饮红茶，品点心，观赏精致的茶具，共享优雅惬意的午后时光。时至今日，茶已经深深融入英国人的生命，据统计，他们每年喝掉的茶叶占世界茶叶消费总量的四分之一。

饮一杯粤茶，清凉一夏

广东的茶区集中在粤北、粤东还有粤西，其中粤北是英德红茶和仁化白毛茶的产地，而粤东则是单丛乌龙茶产区，潮州的凤凰单丛茶和岭头单丛茶都是其中的佼佼者。在这些传统名茶之外，饱受暑热之患的广东人又发展出了独具地方特色的消暑饮料——凉茶。

红茶界的后起之秀——英德红茶

英德红茶茶汤红艳明亮，有层金圈，透出一股金贵豪华之气。在20世纪60年代，它是堪比锡兰红茶的名茶，一度登上英国皇室的茶桌，备受赞赏。

清幽如兰的仁化白毛茶

白毛茶属于绿茶，因茶芽粗壮、密披银毫而得名。仁化白毛茶是白毛茶之王，它的茶毫色白似雪，茶汤清淡，茶味甘甜，且带有兰花的芳香，让人饮后难忘。

精致的凤凰单丛茶

凤凰单丛茶的种茶、制茶方法相当独特——选出优异单株进行单独培育、采摘、制作，称为单丛茶。制成的茶叶条索油润、香味各异，冲泡后茶香浓郁、爽口回甘，号称一绝。

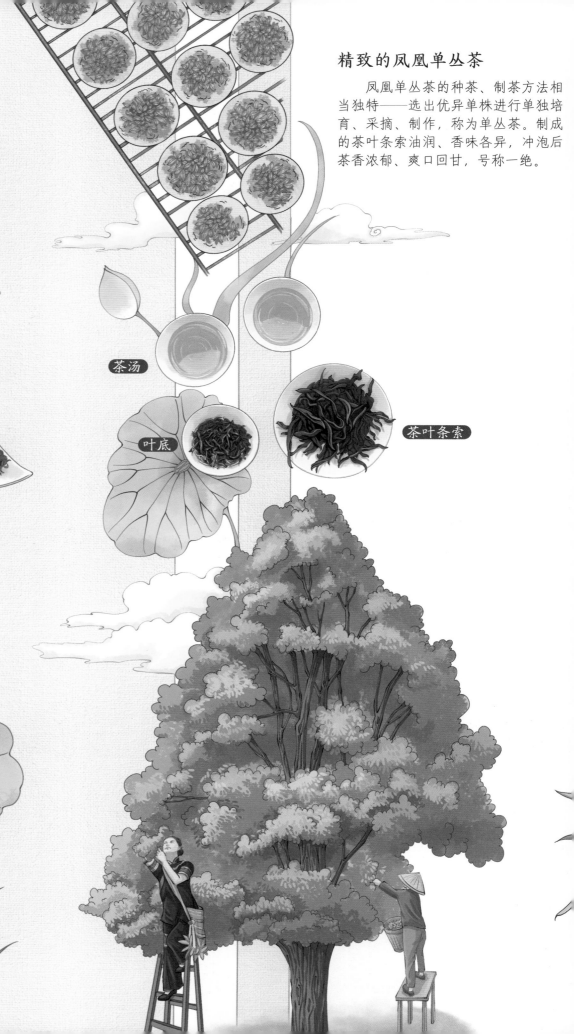

茶汤

叶底

茶叶条索

降火神器——广东凉茶

凉茶是广东的特色茶饮，它既不凉，也非茶，而是用药性寒凉的中草药煎水制成的饮料，可以有效消解岭南人的暑热和喉咙干痛等症状。

凉茶要趁热喝

现在很多人都喜欢喝冰镇饮料，但如果将凉茶冰镇或放凉了再喝，会加剧它的寒凉属性，所以凉茶要趁热喝，才能在炎炎暑日将体内的暑气排出，既祛湿去火，又提神醒脑。

凉茶的制作过程

凉茶以鸡骨草、夏枯草、金银花、罗汉果等为主要原料，制作过程类似传统的中医药品，需要经过采药、切割研磨、称量配比、熬煮等数道工序。

1.采药

2.研磨

3.配比

4.熬煮

5.现做现卖

广东凉茶

浓缩的凉茶——龟苓膏

龟苓膏是用龟板、土茯苓、凉粉草等中草药熬制而成的药膳。它是半透明的膏体，看起来很像果冻，一口下去，Q弹爽滑，微苦带甜。如果加入蜂蜜、炼乳或者水果，口味更佳。

19

一起来"叹"粤式早茶

"叹"在粤语中是享受的意思，由此可见，"叹早茶"对广东人来说是一种愉快的消遣。广式早茶的妙处在于，茶点品种繁多，再挑食的人也能找到中意的食物。人们在餐桌旁闲聊，边饮茶边吃早餐，真是一个怡然自得的茶点丰盛早晨。

早茶暗号之一——揭盖续水

吃广东早茶要懂暗号，比如续水，我们只需把壶盖移到壶口边缘，服务员就会过来加水。据说曾有个恶霸故意将金丝雀藏进茶壶，当伙计加水时鸟飞走了，恶霸趁机向茶楼索赔。后来为了避免这种情况，茶馆就要求食客主动打开壶盖再加水。

1. 长辈给添茶

右手掌心朝下握拳，在桌上轻敲三下，表示感谢与尊重。

2. 平辈给添茶

右手握拳掌心朝下，伸出食指与中指并拢轻叩桌面三下，以表感谢。

广受欢迎的"一盅两件"

"一盅两件"最早的消费人群只是码头、市场上的劳苦工人，一杯粗茶、两份点心就是他们劳累日子里的最好慰藉了。后来，随着人们生活水平的提高，简单的一盅两件逐渐演变成种类繁多、制作精美的各式茶点。

3. 晚辈给添茶

伸出右手食指在桌面叩一下，以手代首，相当于点头。

早茶暗号之二——行叩茶礼

关于表达谢意，广东早茶也有个有趣的暗号，比如当平辈给你倒茶或续水时，不需要言语，只需将右手的食指和中指微屈轻叩几下桌面，对方就能收到谢意。叩茶礼体现了人们对餐桌礼仪文化的重视，流传至今。

琳琅满目的广式茶点

琳琅满目的广式茶点才是早茶的真正主角。无论是提到虾饺、烧卖、叉烧包和蛋挞这"四大天王"，还是蒸凤爪等，人们的口水都会忍不住流下来。广式茶点有荤蒸、甜点、蒸笼、煎炸、肠粉、粥六大类，共四千多种美食，天天吃都不会重样。

早茶必备——干蒸烧卖

干蒸烧卖也是广式早茶必点的。它是用薄软的云吞皮包裹猪肉、虾仁等肉馅蒸制而成的，外形像一朵盛开的石榴花，色香味美，爽口不腻。

粤点之王——虾饺

虾饺是广式茶点王者，也是各大茶楼的招牌。它的皮是半透明的，晶莹剔透如水晶，包裹着鲜嫩红润的虾仁，一口下去，鲜咸可口，唇齿留香。

西关名点——叉烧包

叉烧包即用广东烧味叉烧做成的包子。好的叉烧包往往发酵得当，顶部会自然开裂，就像开花的馒头，渗出阵阵肉香。

广式蛋挞

广式蛋挞一般分为酥皮的和牛油的。酥皮蛋挞层层叠叠，口味酥脆；牛油蛋挞则外皮平滑，带有牛油香味。

豉汁蒸凤爪

肠粉

金钱肚

奶黄包

马蹄糕

荷香珍珠糯米鸡

干蒸蟹黄烧卖

莲子黑米糕

潮州蒸粉果

大肉包

虾饺皇

干炒牛河

萝卜糕

皮蛋瘦肉粥

黄金糕

豉汁蒸排骨

别具一格的粤式茶文化

广东茶文化是我国重要的茶文化之一，茶已经深入广东人的骨髓，成为他们生活的主要内容。据《广东新语》所载，广东种茶自唐始，唐代曹松把茶树移植到南海西樵山，便拉开了广东茶文化的序幕。现今，广东茶文化仍较好地保留着中国古代茶道的精华，发展出了别具一格的粤式茶文化。

潮汕茶桌礼仪

主人在斟茶时，讲究先老后少、先客后主的顺序，充分体现了中华的传统美德。而宾客在喝茶时，要轻拿轻放，不要弄出巨响，也不要露出皱眉的表情，这些会被视为"强宾压主"。

小而美的工夫茶具

潮汕工夫茶与其他喝茶方法最大的不同就在于它的茶具和烹制方式。工夫茶具精致而小巧，宛如艺术品。它的茶壶（孟臣壶）是宜兴紫砂壶中最小的一种，只有一个西红柿大。它的茶杯（又叫若琛瓯）色白如玉、质薄如纸，也只有半个乒乓球大。

细致讲究的工夫茶

"工夫"就是指在冲泡茶时需要耗费心血与工夫。工夫茶一般选用乌龙茶。潮汕工夫茶是中国传统茶文化中最有代表性的茶道，不仅是水、火、茶具的完美配合，更饱含精神与礼仪的享受。

潮汕工夫茶 21 式：

1. 备器
2. 生火
3. 净手
4. 候火
5. 倾茶
6. 炙茶
7. 温壶
8. 洗杯
9. 纳茶
10. 高注
11. 润茶
12. 刮沫

中国式"抹茶"——客家擂茶

与精致讲究的工夫茶相比，古朴的客家擂茶更显简单随意，制作方便。客家擂茶是一道茶食，也是一种药饮，是客家人记忆深处抹不掉的甘香。

古朴的客家人

客家人的祖先原是中原人，后来为了躲避战乱，陆续来到了福建、江西以及广东等地区，以客地为家，因此被称为"客家人"。他们保留了很多中原的古老文化，方言接近古汉语的发音，居住的土楼也充满了古朴的韵味。

中国茶文化的"活化石"——客家擂茶

擂茶的名字和它的制作工艺息息相关，它需要用擂棍将擂钵中的食材研磨捣碎，再冲泡食用。传闻擂茶起源于古代的三生汤，即将生茶叶、生米、生姜捣碎再冲泡饮用。后来人们加入更多花样，将茶叶、米、芝麻、黄豆、花生等材料捣碎冲泡，一碗绿油油、香喷喷的"客家擂茶"就做好了。

13. 冲注

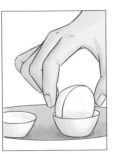
14. 滚杯

15. 洒茶

16. 点茶

17. 请茶

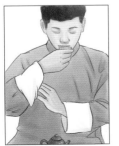
18. 闻香

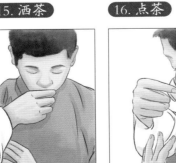
19. 啜味

20. 审韵

21. 谢宾

讲究的潮汕工夫茶道

潮汕人喝茶以三个人为佳，有"茶三酒四"的说法。斟茶时，主人会把三个茶杯摆成"品"字形，倒七分满，这时还需将茶壶内剩余的一点浓茶汁均匀地点在三个杯子里，称作"韩信点兵"。只有三杯茶的分量、茶色都一致，才算上等功夫。

古老而低调的茶区——广西

广西位于云贵高原和两广丘陵之间，多山坡丘陵，漫山遍野都是适宜茶树生长的酸性土壤，再加上雨量充沛、温度适宜，使得这里成为优质产茶区之一。而广西茶的历史可以追溯到战国时期，自北传入的先进种茶、制茶技术与本地区的野生茶树一相遇，广西茶便开始走上了它的征途。广西不缺好茶，也曾有过辉煌的历史，但由于深居内陆，造成了它运输不便、名声不响的尴尬处境。而广西茶夹在大名鼎鼎的滇茶和粤茶之间，也稍显黯淡。

热闹的亚热带丛林

广西地处亚热带气候区，地势低缓，气候暖湿，光照充足，是众多动植物的宜居地，丰富多样的动物栖息其中，种类繁多的植物四季常绿。其中，在广西的西南部，十万大山的北段生活着一群独特的生物——白头叶猴，它们是地球上最稀有的猴类，也是我国特有的灵长类动物。

金花茶

3. 茶族皇后——金花茶

金花茶是山茶的一种，它的绿叶和花瓣犹如上了蜡一般，晶莹光洁，一尘不染一花朵金黄玉意，流光溢彩，极具观赏价值。野生的金花茶非常罕见，主要分布于十万大山兰山支脉的低山丘陵地带。

1. 广西盆地

广西处于高原和丘陵之间的缓冲地带，山体巨大且连绵不断的中低山脉雄踞广西的西、北、东三面，只有中部和南部沿海地区地势稍平，俯瞰时就像一个底深壁厚的盆子，因此称作"广西盆地"。

2. 十万大山

十万大山位于广西的西南角，如巨龙横卧，隔断南北。它还有两个兄弟——"九万大山"和"六万大山"，因此被戏称为"二十五万大山"。广西境内真的有这么多山吗？其实十万大山并不是真的指十万座大山，而是壮语中"顶天大山"的意思，不过它确实山脉连绵，峰峦重叠，数不清、点不尽。

4. 止咳良药——罗汉果

罗汉果含有丰富的维生素C和果糖，是止咳化痰的良药，岭南人常用它煮凉茶喝。广西的永福县和龙胜县是罗汉果的主要产区，我国90%的罗汉果产自这里。

5. 蕨类植物之王——桫椤

桫椤跟恐龙一样古老，是唯一能长成树的蕨类植物。它的茎笔直中空，犹如笔筒，树冠倾盖如巨伞，具有极高的科研和观赏价值。

6. "变色猴"——白头叶猴

白头叶猴头部有一撮直立白毛，宛如瓜皮小帽，非常醒目。它并不是天生如此的。初生的白头叶猴全身金黄，成年后体毛变黑，头上也长出白毛，仿佛两种猴子，十分神奇。

7. 贪睡的瑶山鳄蜥

瑶山鳄蜥脑袋像蜥蜴，尾巴像鳄鱼，因而得名。它非常贪睡，大部分时间都趴在树枝上呼呼大睡，所以人们也称它为大睡蛇或木睡鱼。

8. 蛇类的煞星——眼镜王蛇

眼镜王蛇比眼镜蛇更凶猛、敏捷，毒性也更强。它会捕食自己的同类，而且智商很高，能够清楚分辨有毒蛇和无毒蛇。在它生活的领地，很少有其他蛇类存在。

罗汉果

白头叶猴

瑶山鳄蜥

桫椤

眼镜王蛇

天然大画廊

大自然如同一个随心所欲的艺术家，而广西就是被它偏爱的孩子，着墨尤其多。广西北有山清水秀、洞奇石美的桂林山水，西南有气势磅礴的亚洲第一大跨国瀑布——德天瀑布，南有美丽富饶的北部湾，一路风光无限、美不胜收，宛如天然的山水画廊。

世界海洋生物宝库——北部湾

北部湾是南海西北部一个半封闭的海湾。它是我国为数不多的水质良好的洁海，海洋生态环境优良，动植物资源非常丰富，众多的珍珠贝和浅海鱼类都生活在这里。

海岸卫士——红树林

红树林是由以红树植物为主体的常绿灌木或乔木组成的生物群落，主要生长在热带、亚热带海岸，是陆地向海洋过渡的特殊生态体系。它们可以防风消浪、固岸护堤，宛如一道绿色长城抵御海浪的侵蚀，因此被称为"海岸卫士"。

合浦珠母贝和南珠

合浦贝又叫马氏珠母贝，它是生产珍珠的主要母贝，享誉世界的北部湾合浦珍珠（又称合浦南珠）就是由它培育出来的。这种珍珠细腻平滑、浑圆多彩，因此素来有"东珠（日本产）不如西珠（欧洲产），西珠不如南珠"的美誉。

漓江山水美如画

"江作青罗带，山如碧玉簪"，桂林漓江的山水之美是中国画的意蕴之美，其景观中的精华皆是千姿百态、宛如天成，如浪石仙境的礁石像簇簇浪花，黄布倒影如一片黄布平铺河底。这一路水如翡翠山似云彩，晴则青峰倒映，雨则烟雨朦胧，令人顿生"舟行碧波上，人在画中游"之感。

连通南北的灵渠

战国时，秦军南下征战岭南，不料三年不得寸进。于是秦始皇命人开山斩道，凿通了连接湘江和漓江的灵渠，专门用来运输军饷、粮草，成功将岭南纳入秦国版图。灵渠首次将珠江、长江水系连接起来，成为巩固国家统一、加强南北交流的重要水道。

湘江

灵渠

漓江

珠江

最大的珍珠贝——白蝶贝

白蝶贝外壳坚厚，内层光泽照人，成贝体长约0.3米，接近10斤重，比合浦珠母贝大近30倍，是世界上体形最大的珍珠贝。它培育出的珍珠也是罕见的大珠，色泽良好。

"斗鸡眼"的比目鱼

比目鱼身体扁平，两只眼睛都长在朝上的一侧，很不对称。这是因为比目鱼平时匍匐在海底，两眼放在朝上的一侧更方便它们观察周边环境。其实，比目鱼初生时也是两眼位于头顶两侧、嘴巴居中的正常体形，当它们长大后才逐渐变形，并沉入海底。

茶滋于水，水精于器

广西不缺好茶种，桂西北就是茶树原产地中心的组成部分，它缺的是先进的种茶、制茶和饮茶之法。战国、秦汉时期，北地的茶叶和茶文化跟随前来征伐、统御岭南的楚人和秦人流入，广西才正式开启自己的种茶、用茶史。至唐宋时，广西的茶园已经遍布全境，并且还发展出了闻名遐迩的地方茶，如唐之象州茶，宋之修仁茶。与此同时，与好茶相配的钦州坭兴陶器也开始大放异彩，跻身我国名陶之列。

北人教种

我国的茶文化发源于巴蜀，后来秦人在征战四方的过程中将它传向了楚地、岭南等地。广西的种茶、制茶以及饮茶之法就主要来源于桂东北的统治者楚国人和后来征服岭南的秦国人。

一枝独秀的修仁茶

修仁茶产于大瑶山，多是约两寸厚的团茶，煮开后，茶色浓黑，茶味醇厚回甘，还能缓解头风病。南宋名臣李纲和降将孙觌是势同水火的死对头，但他们却是修仁茶的"同好"，李纲称修仁茶"江表露芽空绝品，蜀中仙掌可同行"，孙觌则赞其"幽姿绝媚妩，著齿得瞑眩"，可见修仁茶的不凡。

④ 自然素烧

烧制时，窑工需要熟练掌握窑温，一般须达到一千摄氏度左右才能烧成。过火则老，老而不美；欠火则稚，稚陶土气。

⑤ 窑变出彩

坭兴陶的色泽来自陶土本色和窑变带来的陶彩。窑变是窑温变化导致的陶瓷的釉色变化，不上釉彩的坭兴陶窑变后色彩比上釉的瓷器更细腻光润，宛如天成，有"中国一绝"的美誉。

坭兴陶

坭兴陶是广西钦州的名陶，取材于钦州当地的特有陶土，造型装饰极富广西民族特色，且采用自然素烧方式，成品颜值全靠天意，因此有"火中取宝，一件难求；一件在手，绝无雷同"的说法。

①双料混炼，骨肉相融

坭兴陶选用钦江东岸的白膏泥以及西岸的红陶泥为原料，东泥软为肉，西泥硬为骨，两者按一定比例混合，制成的陶土可塑性强，最适合进行陶艺创作。

②制作成型

制作坭兴陶有拉坯、压坯、手拍三种方式，拉坯最常用，压坯常用于制作大件或普通陶器，而手拍成型难度最大，最考验陶匠的工艺水平。

③雕刻造型

坭兴陶的陶土细腻，又不上釉彩，因此陶匠一般直接在阴干的坯体上雕刻、施文，这是最考验刀法的时候。

我国四大名陶

钦州坭兴陶

自带"民族风"的广西名陶，窑变色彩独特，结构透气不透水。

宜兴紫砂陶

产于江苏宜兴，是四大名陶之首，上品茶具。造型小巧玲珑，雕刻诗情画意，极具艺术和文化气息。

重庆荣昌陶

有"红如枣，薄如纸，亮如镜，声如磬"的美誉，以泡菜坛、花瓶等日用陶器为主。

建水五彩陶

产于云南建水，因为使用多种色彩且含铁量高的陶土制作，所以成品五彩斑斓、坚硬似铁，敲击有金石之声。

本土气息浓厚的桂茶

明清时期，盛行千年的团饼茶被各具特色的散茶取代，六大茶类先后被创制出来，全国茶业迈入多元化、专业化的发展道路。在这种大背景下，广西茶业不再亦步亦趋，而是吸纳众家之长，打造出具有浓厚本土气息的名茶，如可媲美龙井的西山茶、畅销东南亚的六堡茶以及南山茶、凌云白毫等两大白毛茶等。

六堡茶

外销大宗——梧州六堡茶

六堡茶产于梧州六堡乡，它是黑茶，泡出来却是红汤，以"红、浓、陈、醇"著称。清代时，曾因茶叶带有独特的槟榔味入选全国二十四名茶。六堡茶在国内鲜少有人问津，却盛名在外，是全国最大的侨销茶，深受粤港澳以及东南亚地区人们的喜爱。

桂平西山茶

四季变换的桂平西山茶

西山茶是上品绿茶，它的茶汤会随季节变换香味：春茶清香，夏茶梨香，秋茶醇香，冬茶莲香，非常独特。这是因为西山茶树终年沐浴在甘泉清雾和慢射柔光之下，茶叶自然带有清泉的甘甜和天然的芳香。若用西山特有的乳泉水冲泡味道更佳，可媲美龙井。

两大白毛茶

南山白毛茶、凌云白毫是广西的两大白毛茶。相传最初的南山茶树是明朝建文帝南下避难时种下的。南山茶清香沁齿，带荷叶香味，有"品胜武夷（茶）"的美誉。而凌云白毫属后起之秀，创制于清代，以茶味醇甘、带栗子香味出名。

凌云白毫

南山白毛茶

神奇的特色茶

广西的少数民族研发出了许多神奇的茶，它们与传统茶类大为不同，十分有趣。

用虫屎做成的茶

虫屎茶并不是某种茶叶的别称，而是一些昆虫吃完茶叶后排出的粪粒，又称为"龙珠茶"。这些虫屎经过筛选，再与蜂蜜、茶叶一起炒制成形，冲泡后清香扑鼻、清热解毒，是很多地区的清凉饮料。

※ 此为创意展示，不要随意尝试哦！

能嚼碎铜钱的白牛茶

白牛茶又被称为"碎铜茶"，据传将它和铜钱一起咀嚼，可以嚼碎铜钱。这是因为白牛茶的茶多酚含量很高，它和人的唾液结合可以溶解铜钱中的铅，导致铜钱变得酥脆。

铜钱　　白牛茶

1. 准备铜钱和白牛茶。

2. 混合在一起嚼一嚼。　　3. 碎了！

精美的佐茶小吃——玉林茶泡

玉林茶泡是玉林特有的泡茶甜品，一般以冬瓜为原料，切成五厘米见方、五毫米厚的方块。人们还会在冬瓜上雕刻精美的图案，但由于无法画草图，就要求制作者下刀技术高超。这样精美的艺术品用糖水腌渍后，放入茶水中品尝，是极大的享受。

1. 切片
5. 筛晒
雕刻工具
2. 雕刻
镂空图案
6. 冲泡饮用
4. 上糖
3. 浸泡

33

茶叶品种王国——福建

　　在红茶、绿茶、乌龙茶、黄茶、黑茶、白茶六大类茶中，福建不仅首创了红茶、乌龙茶、白茶、茉莉花茶，还生产其他茶类，形成了六大茶类俱全的盛况，是名茶辈出的茶叶品种王国。福建茶的历史可以追溯到东晋以前，至今已有1600余年。这一片被南北纵横的武夷山拥抱的茶香沃土，曾经在北宋时期创造了天下一绝的"龙凤团茶"，深受宋代皇帝的喜爱。清代时福建茶叶更是通过万里茶路和海上丝绸之路远销海外，并在现代继续着它的辉煌。

天然大盆景

武夷山被称为"华东屋脊""武夷支柱",也是一个典型的丹霞地貌。它的山体呈红色,溪流发育于山岩裂缝中,形成"丹山碧水"的奇观。除了美景,这里还保存着地球同纬度最大的中亚热带原生森林,动植物资源异常丰富。

不对称的山

武夷山玉女峰是典型的单面山,一面陡峭,一面平缓,好像被削去了半边,很不对称。这是因为它的上下岩层一硬一软,下岩层容易被侵蚀成陡峭的悬崖。

没有树皮的树——紫茎

紫茎是我国特有的古老植物,生长缓慢,喜欢阳光和凉爽湿润的气候,主要分布于南方的高山林间。紫茎的树皮会成片地开裂掉落,从而露出里面黄中带红、光洁油润的内皮,看起来就像没有树皮一样。

不畏严寒的寒兰

武夷山是"兰花之国""寒兰之乡",我国七成的兰花品种以及六成的寒兰都生长在武夷山区。寒兰一般在秋冬季开花,植株修长而秀美,香味清醇而久远。

形似马尾巴的马尾松

马尾松针叶又长又直，随风摇曳时蓬松开来，就像一条条马尾巴。它的树脂——松香是重要的工业原料，像小提琴等弓弦乐器就需要经常在弓毛上擦松香。

贪吃的花栗鼠

花栗鼠是动物界的"小人物"，体重只有100克左右。它非常贪吃，经常爬树啃食水果，还会偷吃庄稼。如果吃不完，它还会塞在嘴里"兜着走"，一点点搬到地下的深洞里，作冬粮储备，简直是十足的"吃货"了。

胆小如鼠的黑麂

黑麂体毛偏黑，却长着毛茸茸的金色脑袋和带白圈的尾巴。黑麂是相当胆小怯懦的动物，白天躲在树下或石洞里休息，出门觅食时也会选择可以隐蔽的路线，中途稍有响动就会赶紧躲避。

被称为"寿鸡"的黄腹角雉

当黄腹角雉的雄鸟求偶时，喉咙下的肉裙会膨胀下垂形成色彩斑斓的"长叶"，远看好似繁体"寿"字，因此它又称"寿鸡"。

沐浴在水汽里的省份

"闽在海中"，这是《山海经》中对福建的最早记载。这里三面环山，一面向海，河流从三面的山体发源，又经由本土东流入海，形成独特的省内小流域。因此，福建东部沿海地区既有众多的中小河流源源不断地补充水分，又有丰富的海洋水汽和地热资源。当地人靠水吃水，开发温泉、发展渔业、进行远洋贸易……形成一片欣欣向荣的景象。

北溪
南浦溪
富屯溪
建溪
沙溪
闽江
九龙溪
汀江
雁石溪
九龙江

1.龙头鱼
2.凤尾鱼
5.皮皮虾

自成一体的小流域

福建省内河网密布，但大多是短程的中小河流，且除了交溪和汀江，其余河流都是省内发源、入海的，可见福建水系是自成一体的封闭小流域。闽江是其中最大的河流，它发源于武夷山，泽及半个福建省。

地热与温泉

地热是储存于地壳岩缝的天然热能，它们如同一座座天然锅炉不断加热地下水和岩层水。后来这些热水随着地壳运动等活动冲破岩层，喷出地表，其中一部分就变成了热气腾腾的温泉水。

鱼类丰富的闽江口

福建紧邻东海，拥有闽东、闽中、闽南以及台湾浅滩四大渔场，渔业资源极其丰富。每年秋季是福建最为繁忙的捕捞季。渔民们在朝日初升时出发，晚霞铺满天了才得以回还，带着堆满了船舱的梭子蟹、皮皮虾、龙头鱼、西施舌等渔获。

1. "软骨头"的龙头鱼

龙头鱼嘴大且无鳞，全身只有一根主骨。它生性凶残，捕食同体型的鱼类易如反掌，并且还会猎食同类。

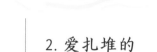

2. 爱扎堆的凤尾鱼

凤尾鱼身姿修长，尾部分叉尖细如同凤尾。每到春夏之交，会成群结队游到长江口、闽江口等河口产卵。

4. 梭子蟹

3. 西施舌

3. 会伸舌头的"西施舌"

西施舌即车蛤，身形小巧，壳背黄紫，一打开外壳就有白肉吐出，形同小舌头，因而得名。

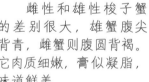

4. 美味可口的梭子蟹

雌性和雄性梭子蟹的差别很大，雄蟹腹尖背青，雌蟹则腹圆背褐。它肉质细嫩，膏似凝脂，味道鲜美。

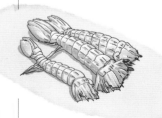

5. 骁勇善战的皮皮虾

皮皮虾长得像披甲戴盔的螳螂。在浅海底部，重点捕食贝壳、海胆等不善游泳的生物。还能一下击晕"装备"更好、体型更大的龙虾和螃蟹。

闽茶的辉煌时刻

　　宋朝时经济、文化、科技都相当繁荣，宋朝人不仅会吃会喝还很会玩！他们在喝茶之余，掀起了异趣纷呈的斗茶之风。其中的主角就是来自福建的团茶，其中产自北苑茶场的龙凤团茶代表了我国团茶制造的最高工艺。至明清时期，工艺烦琐的团茶逐渐被制作简单的散茶取代，勇于开拓创新的福建人再次创制出散茶极品——武夷茶，并远播东欧、西欧。

宋朝人的风雅活动——斗茶

　　斗茶是宋朝人争相追逐的风雅活动，它起源于唐朝，却让宋朝人玩出了新高度。斗茶时，大家各自携带茶叶和水，一般要先将茶饼碾成茶末，然后注入沸水，称"点茶"。再用扫帚状的茶筅击拂茶汤，使它泛起泡沫（汤花）。茶色以纯白为最佳，汤花与茶盏之间粘得越紧（称"咬盏"），汤花下水痕出现得越晚越好。

斗茶名具——建盏

　　建盏是宋代名瓷。黝黑色的茶盏，可以轻松观察茶汤的颜色。如果换成白色或其他颜色的茶盏就达不到黑白分明的效果了。

1. 碎茶

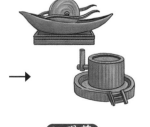
2. 碾茶

3. 罗茶

4. 注入茶末

5. 点茶（注汤入盏）

精美的茶百戏

茶百戏也是斗茶的一部分，是指在茶汤汤花上作画的技巧。画面中既有花草虫鱼，也有山水云雾，将中国画的意境美和线条美融入茶的变化。

绿茶汤茶百戏：燕双飞

绿茶汤茶百戏：重山锁翠烟

精美的龙凤团茶

龙凤团茶是用龙凤图案的模型压制而成的饼状皇家专用茶，形状圆整，纹饰工巧精细，宛如艺术品。

咬盏
汤花与茶盏之间粘得紧

6.击拂 → 7.置茶托

武夷茶与万里茶路

明清时期，武夷茶经由万里茶路远播到了俄罗斯。这条茶路南起武夷山，北达恰克图，全程长上万千米，年输出茶数十万担，是我国又一条重要的国际商路。

用碟子喝茶的俄罗斯人

俄罗斯人的喝茶方式和我们大不一样，他们喜欢喝加糖或奶的甜茶。他们还会用带有龙头、把手、支脚的茶壶煮茶，再用碟子盛来喝。

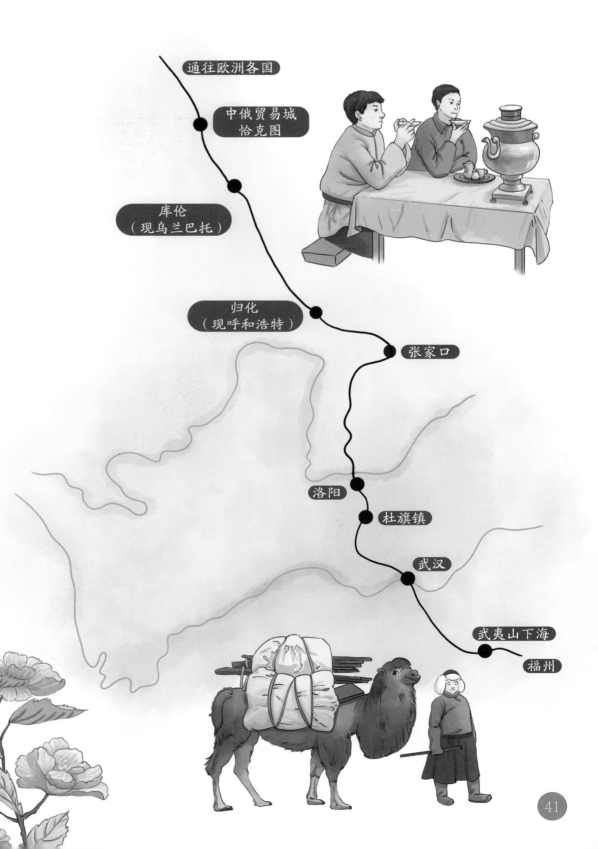

通往欧洲各国

中俄贸易城
恰克图

库伦
（现乌兰巴托）

归化
（现呼和浩特）

张家口

洛阳

杜旗镇

武汉

武夷山下海

福州

名茶辈出的闽茶

福建人杰地灵，自唐朝以来就是名茶产区，它既经历过唐宋团茶时代的辉煌，也曾开创过明清散茶时代的荣光。它不仅是红茶、白茶、乌龙茶以及茉莉花茶等几大茶类的发源地，也是安溪铁观音、永春佛手、正山小种、福鼎白茶等特种名茶的产地，可谓名茶辈出、辉煌无限。

带"观音韵"的安溪铁观音

安溪铁观音干茶卷曲结实，茶汤金黄，带有天然兰花香。细啜一口，入口浓醇，蜜甜微酸，但浓而不涩，郁而不腻，喉底回甘，这就是它独有的"观音韵"。

宛如雪梨汤的永春佛手

永春佛手茶叶肥厚、大如手掌，酷似佛手柑，干茶就像一颗颗海蛎干。冲泡后的茶汤黄亮清澈、醇厚甘爽，带有独特的雪梨香或香橼香。

乌龙茶特有工艺——做青

做青包括摇青和晾青两步，摇青是为了摩擦茶叶使它达到半发酵状态，晾青则是为蒸发茶叶中的水分。两者要交替进行，重复数次。

茉莉花茶必经之路——窨制

将茶坯（一般是绿茶）和鲜花混合，使鲜花吐香，茶叶吸香，最终茶香和花香相融合，这个过程就是制作花茶的特殊工艺——窨制（又称熏制）。

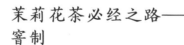

人间第一香茶——茉莉花茶

茉莉花洁白纯净，香味浓烈持久，有"天下第一香"的美誉。后来，宋朝人用它熏制干茶，兼具花香和茶香，甘甜可口的茉莉花茶由此诞生。

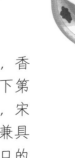

有松烟味的红茶——正山小种

正山小种产于福建桐木，是红茶鼻祖。它需要经过三道松烟熏制，因此成茶外形紧结，颜色灰黑，散发出浓烈的烟味。清朝时，正山小种被荷兰商人带入欧洲，随即风靡开来。

红茶关键工序——发酵

绿色的茶叶需要经过发酵才能逐渐变红，形成红茶特有的色、香、味。发酵时，把揉捻过的茶叶压在木桶或竹篓内，再用湿布捂紧即可。

银针 白牡丹

贡眉 寿眉

白茶之源——福鼎白茶

福鼎是白茶的故乡，早在隋朝就有文献记载这里有一座白茶山（即太姥山），后来陆羽在《茶经》中也有提到，可见隋唐时期福鼎就已开始生产白茶了。

福鼎人与茶叶密不可分的一生

茶是福鼎人的宝物，他们认为茶远比米重要，因此有"茶哥米弟"的说法。茶几乎贯穿了福鼎人的一生，从呱呱坠地到入土为安，茶都一直伴随其中。结婚时，男孩要备茶作为聘礼，女孩则在亲人撒茶相送中出嫁。

43

岩骨花香——武夷岩茶

"溪边奇茗冠天下，武夷仙人自古栽。"武夷山早年是野茶树的乐园，武夷山人就地取材，开启了自己的用茶、种茶史。到唐宋时期，武夷山已经发展出自己的蒸青团贡茶。因为茶品出色，元朝时还特地在武夷山上建立了御茶园。而明清时期是武夷岩茶的高光时刻，它凭借成熟精细的制作工艺和独特的岩韵花香，一跃成为茶界明星，先后俘获了国内外茶客的心。

石缝中长出的茶叶

陆羽将种茶环境分为三个等级："上者生烂石，中者生砾壤，下者生黄土。"武夷山漫山遍野都是山岩酸壤，无疑属于中上级的茶园，产出的茶叶既有醇厚苦涩的"岩石味"，又有多层次的花草香，人称"岩韵花香"。

横空出世的乌龙茶

乌龙茶是介于绿茶和红茶之间的半发酵茶。它茶色乌黑，条索似龙，泡开后叶片青黑微曲，犹如乌龙入水，散发出绿茶的清芬和红茶的鲜醇。闽茶中的安溪铁观音（闽南乌龙茶）、武夷岩茶（闽北乌龙茶）都是乌龙茶中的极品。

宛如糖霜的武夷水仙茶

武夷水仙茶树矮叶子大，用它制成的乌龙茶味道有"醇不过水仙"的美誉。品饮时，首先有股浓稠感，咽下后舌头就像沾了层糖霜，丝滑浓醇，回味无穷。

香郁辛辣的武夷肉桂茶

武夷肉桂的树、叶都比武夷水仙小，香气馥郁是其最大特点。冲泡后，兼具奶香、花果香、桂皮香，饮后良久舌面还留有桂皮味。

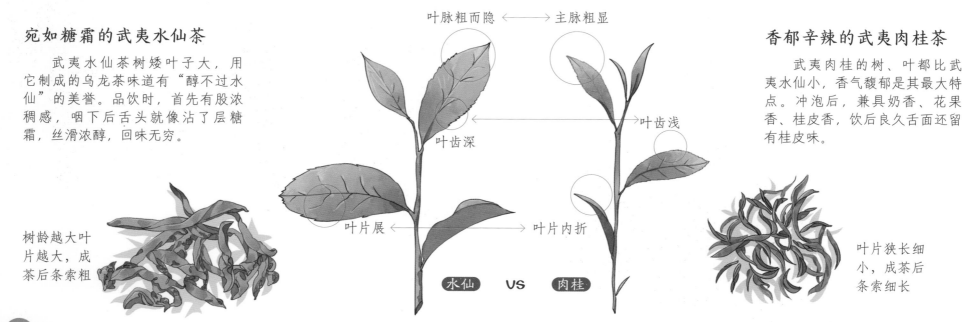

树龄越大叶片越大，成茶后条索粗

叶脉粗而隐 ←——→ 主脉粗显

叶齿深

叶齿浅

叶片展 ←——→ 叶片内折

水仙 VS 肉桂

叶片狭长细小，成茶后条索细长

救人一命的大红袍

　　大红袍是乌龙茶的名贵品种，威名远播，却鲜有人知道它传奇的故事。传说明初时，有一位进京赴考的举子丁显，不幸在路过武夷山时病倒了，巧遇天心寺和尚灌茶解救才得以继续赴考。后来他高中状元回来致谢，才得知救了自己的茶采自天心岩绝壁，为表感恩，便将身上的大红袍脱下披到茶树上，大红袍因此得名。

品饮武夷岩茶的讲究

　　冲泡岩茶，首先需要将一瓶矿泉水煮开。泡茶时不能偷懒，要在1～2分钟内将茶水全部滤出来。品饮时先闻茶香，再品茶味，最后闻杯底余香，充分领略"岩韵花香"。

开水洗净茶具

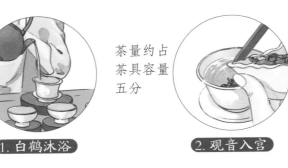

1. 白鹤沐浴

茶量约占茶具容量五分

2. 观音入宫

提高水位注入，使茶叶转动

3. 悬壶高冲

用茶盖轻刮去除漂浮白沫

4. 春风拂面

依次巡回注入茶杯

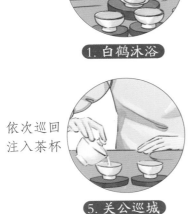

5. 关公巡城

茶水倒至少许时，要一点一点均匀地滴入茶杯

6. 韩信点兵

趁热细啜：先闻其香

后尝其味

7. 品啜甘霖

我国唯一的热带茶区——海南

来到海南，这里海水澄澈、椰林婆娑，到处都是旖旎的热带风光。它的中间是高高隆起的五指山和黎母山，地形向四周层层递减，好像一顶巨大的黎族笠帽，而昌化江、南渡河和万泉河就像笠帽上的流苏，从高山流入南海。这样独特的地理环境和充足的水热条件，使得海南成为我国唯一的热带茶区。每年最早的一批早春茶就产自这里。

欢迎来到热带世界

　　热带是地球南、北回归线之间的环赤道地带，而热带雨林如同一条绿色的彩带缠绕其中。海南岛的五指山、黎母山、霸王岭等山脉就是我国典型的热带雨林，这里气候炎热、雨量充沛，季节变化极度不明显，成为众多热带动植物肆意生长的乐园。

"长毛的荔枝"——红毛丹

　　红毛丹外皮红彤彤、毛茸茸，就像长毛的荔枝，白果肉多汁而酸甜。野生的红毛丹树高达十几米，是海南热带雨林的上层树种之一。

凶猛的"五爪金龙"——圆鼻巨蜥

　　圆鼻巨蜥是大型蜥蜴，头、嘴狭长类蛇，但它爪子尖锐，一身金黄斑点，又似虎虎生威的"五爪金龙"。圆鼻巨蜥生性凶猛，强有力的尾巴如一条铁鞭可随时抽打敌人，一旦不敌，就会爬上树枝躲避，并伸出舌头发出"咝咝"声恐吓对方。

石缝中的顽强生命——根抱石

　　在热带雨林这样高温高湿的地方，即使是一颗落在石缝中的种子，也能迅速生根发芽。一旦它的根系沿着石缝扩张，那这块石头最可能的结局就是被树根包围，成为"树中石"，这种现象也叫根抱石。

天然大温室

　　海南宛如一个天然的大温室。充足的热量和水分使得植物生长极快，植被繁多。这里的水稻能够一年三熟，蔬果一年四季都可以种植和采摘。

爬到巨树的头顶

热带雨林的藤本"居民"为了争夺有限的生存空间和阳光,不得不攀附到大树身上。如此藤缠树、树缠藤,如龙飞凤舞,奇特万千,为雨林平添神秘。

空中花园

蕨类、兰花等附生植物的种子,飘到十几米高的大树干上生根开花,形成的奇特景象被称为"空中花园"。

残酷的竞争——绞杀现象

绞杀植物(一般是榕树)先在大树的根部发芽长出气根,并用气根一步步围箍大树,同时侵夺它的养分和水分,最终蛀空树心,取而代之。这无异于动物间的弱肉强食。

五只"脚"的猪

五指山猪头小嘴尖,身形紧凑,一般在原始丛林的底层游荡,并常用长嘴拱土觅食。黎族人见状以为那也是它的脚,因此称它为"五脚猪"。

49

天之涯，海之角

海南依托不到4万平方千米的海南岛，坐拥高达200万平方千米的海域面积，西沙群岛、中沙群岛以及南沙群岛都是它的辖区。这里拥有海天一色的辽阔海域、众多的渔场以及天然的盐场。

海南岛的宝树——椰树

传说，椰树是从东南亚漂到海南扎根的。后来，海南先民用它的树干做房梁，叶子做衣服，吃椰肉、饮椰汁……由此，一树多用的椰树被海南人视为宝树，海南也被誉为"椰岛"。

温顺可爱的儒艮

儒艮是近海哺乳动物，长得很像海牛，吻部短粗，身如纺锤，尾似弯月，行动缓慢。它们常在月下嬉戏，或抱着幼崽哺乳，一度被误认为美人鱼。儒艮还经常在海草丛中打转，饿了就嚼食海草，一边嚼还会一边不停摆动头部，憨态可掬。

曾母暗沙

曾母暗沙位于南沙群岛，是我国领土的最南端。早在西汉，我国南海的渔民就已经称它为"沙排"。但它其实不是海岛，而是淹没在海下的大珊瑚礁。

神奇瑰丽的海底世界

潜水是领略热带海洋风光的绝佳途径。试想一下，穿上修身的潜水服后化身为鱼，穿越幽蓝海水的层层阻隔，如同海中精灵一般，悠然自在地游弋在摇曳生姿的珊瑚海藻之间，与五彩斑斓的石斑鱼、枪乌贼共舞，近距离接触儒艮和玳瑁，岂不妙哉！

雌雄同体的石斑鱼

石斑鱼一身斑点，吻大体肥，是珊瑚礁的常住居民。它是少见的雌雄同体鱼类，初生和低龄的石斑鱼都是雌鱼，待产下鱼卵后，会转变成雄鱼。

美貌的海龟——玳瑁

玳瑁拥有独特的"鹰嘴"、华丽的背甲以及流畅如桨的鳍足。它自先秦时就是人们趋之若鹜的祥瑞物。

游泳健将——枪乌贼

枪乌贼就是鱿鱼，它是海中的游泳健将。游动时，枪乌贼的肉质鳍如同尖刀一般划开海水，而它的流线型体形又好像一把标枪冲刺而出，能将水的阻力降到很低。

大海的建筑师——珊瑚虫

海底的主角是圆筒状的珊瑚虫。它们习惯聚居，并通过吸收海水中的矿物质，不断强化外壳，形成珊瑚礁。

热带海岛的特色茶饮

海南四季如夏，常年暑气难耐，当地人为避暑发展出了各种独具地方特色的茶饮。如清闲的老一辈喜欢到老爸茶馆消磨时日，喝的多是传统的红茶、绿茶以及特色的苦丁茶、香兰茶等。而忙碌的年轻一辈更喜欢到水吧，点一杯加了老盐的水果冰茶，边走边喝。

茶汤

干茶

鲜茶

陨石坑内的绿茶

传说约70万年前，一颗小行星从天而降，一头撞到海南白沙，顿时岩石碎裂、火光四射、声震如雷，还撞出了一个直径宽达3.7千米的陨石坑。后来当地人把陨石坑开发成茶园，制成了远近闻名的白沙绿茶。

热闹的老爸茶馆

老爸茶馆是海南人对街头老茶馆的称呼。"老爸"们年轻时习惯了上午打鱼、下午喝茶的生活方式，年老后依旧保持着对老茶铺的热爱。炎炎夏日之下，桌凳四散铺开，茶客三两闲聊，每人点上一壶红茶、三两点心，就组成了老爸茶馆的常态。

1. 黎族宝茶——水满茶

水满茶产自五指山水满乡，是黎族人用野生大叶茶制成的绿茶。它产量很少，茶香很浓，非常耐泡。

2. 圆滚滚的鹧鸪茶

鹧鸪茶的茶球就像一串佛珠般串在一起，有药香味。

3. 琥珀汤，奶蜜香

五指山红茶干茶条索肥硕、棕褐油润，冲泡后茶汤犹如明亮剔透的红琥珀，透出浓郁的奶蜜香。

1. 水满茶

2. 鹧鸪茶

老盐柠檬茶

黑砖奶茶

老盐百香果

霸气水果茶

3. 五指山红茶

4. 苦丁茶

老盐

老盐是储存了三十年以上的海盐，经过长时间的风化和挥发，纯度极高，被誉为海盐中的极品。

4. 先苦后甜的苦丁茶

海南人爱喝的苦丁茶是用大叶冬青叶制成的，它不是真正的茶，而是一种天然代茶饮料。这种苦丁茶干茶黑长似钉，茶味先苦后甜。

5. 人见人爱的老盐水果茶

老盐水果茶是深受岛民喜爱的冷饮。只需将各式热带水果捣碎，再加入一小撮陈年老盐和数块冰块，就能享受到独属于海南的舌尖上的冰爽了。

青出于蓝的海上茶园——台湾

    台湾如同一片巨大的芭蕉叶漂浮在我国东南海域，南端狭长的鹅銮鼻是它的叶柄，中部的中央山脉、阿里山脉等是粗壮的主叶脉，而发源于中部山脉的众多溪流又如同细长的网状叶脉，各自独流入海。温暖湿润的气候以及丰富的海洋水汽，使得这里成为著名的水果之乡、海上粮仓、蝴蝶王国。清嘉庆年间，福建的茶种传入台湾，台茶以闽茶为师，却青出于蓝、自成一家，先后出现了自有的乌龙茶、包种茶、红茶、绿茶等。

灾难频发的东南宝岛

台湾位于环太平洋地震带上，地震、台风频发，危险的活火山也蛰伏于此。然而，凡事有两面性，先期活跃的火山活动也产生了肥沃的火山土壤，而肆虐夏秋季的台风则带来充足的降水。

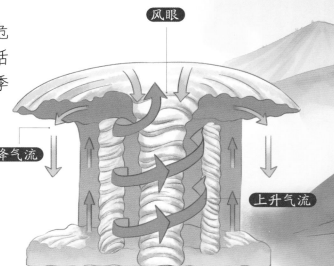

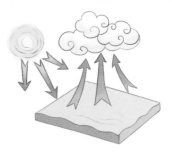

1. 大气发生扰动，大量空气开始上升。

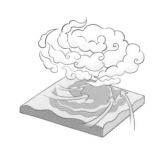

2. 上升海域的外围空气源源不绝地流入上升区，不断旋转并伴随大风和强降雨。

3. 上升空气膨胀变冷，冷凝成水滴释放热量，助长了底层空气不断上升，从而使地面气压下降得更低，空气旋转更为猛烈，台风就形成了。

台风不来自台湾

夏秋季的海面气温最高，大量海水被蒸发升空，形成低压中心，吸引四周空气涌来，它们随着地球旋转，就形成了一个逆时针旋转的空气涡旋。只要气温不降，涡旋就不断增强，最终形成肆虐的台风。

热带果园大丰收

台湾的水果种类达80多种，既盛产个大味甜的香蕉、菠萝、柑橘、芒果等常见水果，也出产奇形怪状的莲雾、释迦果、波罗蜜等热带水果，因此被誉为"水果王国"。除此之外，台湾还是"蝴蝶之乡"，这个海岛曾孕育了近400种蝴蝶。

会"吃人"的菠萝

每个菠萝都有"卫士"——菠萝蛋白酶。当我们吃菠萝时，这群"卫士"会破坏我们的口腔黏膜细胞，使我们产生麻木刺痛感甚至出血。因此食用前，要用盐水浸泡或煮熟菠萝肉，使菠萝蛋白酶失去活性。

热带水果皇后——波罗蜜

波罗蜜是世界上最重的水果，可重达数十千克，皮似锯齿。剖开后的果肉肥厚绵软、浓香四溢，清甜可口，令人欲罢不能，不愧是"热带水果皇后"。

危险的活火山

活火山就是正在喷发或者未来预期可能再次喷发的火山，它就像一颗不定时炸弹。位于台湾北部的大屯山火山群就是活火山，它的地壳深处很可能活动着一个岩浆库，随时可能引发地震喷涌而出，不得不防。

火山气体和火山灰

火山弹
火山喷发时喷出的熔岩碎片

酸雨

火碎流

熔岩流

侧面火山口

喷气孔
喷发火山气体和蒸汽，会导致人畜窒息死亡

地下水

岩石层

岩浆层

像红灯笼的莲雾

莲雾粉嫩光润，好似红玉雕成的灯笼，咬一口，香脆清甜。但它果皮太薄，极易腐烂，因此运输时需层层防护、轻拿轻放。

热带水果之王——芒果

芒果绵软香甜，含有丰富的果糖和维生素，是热带果王。在古代，远海航行的人会携带大量芒果，用来治疗晕船和补充维生素。

冰激凌味的水果

释迦果又叫番荔枝，果皮布满了一个个凸起的小包，有点像荔枝，又像佛头上的肉髻，因此得名。释迦果成熟后，果皮极薄，吹弹可破，且果肉乳白甜美，有着冰激凌般的口感。

美丽优雅却有毒的大红纹凤蝶

大红纹凤蝶平时飞行缓慢，舞姿优雅，但大多鸟类都对它敬而远之。这是因为它以马兜铃为食，体内积满了马兜铃酸（一级致癌物）毒素。

旱涝分明的水系

对于一个海岛来说，最重要的资源大概就是淡水了，而且这种淡水资源主要依赖降水。像台湾这样降水分布不均的海岛，虽有大小河川数百条，但水系的旱涝变化非常明显。夏季暴雨频袭，则河水滚滚入海；冬季少雨枯水，则变涓涓细流甚至干涸。为了应对冬旱和储水发电，人们在各大河川修建了大量的水库，像美丽的日月潭已经是少有的天然湖泊了。

只见溪水不见河

台湾的河流多、落差大、流程短，大多长度都不超过100千米，还有旱涝季节带来的水量变化，因此这里的河流大多叫溪，如最大的几条河流浊水溪、高屏溪、曾文溪、大甲溪等，只有第三大河淡水河才叫河。

海外别一洞天——日月潭

日月潭是台湾最大的天然湖，它以中间的拉鲁岛为界，北半湖形似圆日，南半湖则像弯月，因此得名。

泰国鳢的克星——鲈鳗

鲈鳗即花鳗鲡，体型像蛇但却是鱼类，身上有暗花黑斑，粗壮有力，是凶猛的肉食动物。它昼伏夜出，夜深人静时才会悄悄登陆河滩觅食，即便是像泰国鳢这样的猛鱼也大多不是它的对手。

凶残的入侵种——泰国鳢

泰国鳢体型呈棒状，头大吻大，不仅耐污能力强、繁殖快，而且战斗力惊人，鱼虾蟹蛇大多是它手下败将，因此又称"鱼虎"。像日月潭这样的封闭湖泊，因为民众放生了几条泰国鳢，使其很快泛滥成灾。

九蛙尽露

2021年春，台湾遭遇了50年一遇的大旱，日月潭湖底干涸龟裂，用于测量水位的"九蛙叠像"露出了全身。

翘嘴鱼的独门暗技

翘嘴鱼又叫曲腰鱼，体形侧扁细长似柳叶刀，吻部微微向上翘起，成为捕食神器。它一般会潜行到小鱼下方，看准时机往其头部猛地一咬，并箍住其上半身，使其逃无可逃。

孤独的"打鱼郎"——绿鹭

绿鹭又叫打鱼郎。它体型很小，头顶黑冠，背部灰绿。捕食时一声不响地立在水边的低枝上，等待过往鱼类的到来，远看就像一个披着蓑衣孤独垂钓的渔翁。

不挑食的马口鱼

台湾马口鱼是小鱼，生性活泼，又擅长游泳，经常成群结队跳出水面嬉戏。水面上的任何东西，无论是叶子、昆虫还是碎屑、垃圾，它都会往嘴里吞，一点不挑食。

台湾的溪蟹之王——拉氏清溪蟹

拉氏清溪蟹是台湾最常见的蟹，有着暗红色的坚硬背甲和一对明显不对称的螯足。它也是台湾溪流中最强势的蟹，会主动攻击同地域的其他蟹类。

异彩纷呈的茶俗

台湾原来只有粗糙的野茶，直到二百多年前，台商柯朝将武夷山的茶树移植到台北，才真正开启了台湾的种茶史。此外，台湾乌龙茶、包种茶的制茶技艺也是陆续从福建引进的。后来台人取闽茶文化之长并发挥自身特色，逐渐形成了自成一家、异彩纷呈的茶业和茶俗。

精彩的阵头表演

阵头是排在巡游队伍前方的表演队伍，它是闽南、台湾庙会和宗教祭典必不可少的民俗曲艺。一般分为文阵和武阵：文阵载歌载舞，既有故事情节又有对白；武阵的宗教色彩较浓，大多有武术和特技表演。

动感的电音三太子

电音三太子是近来新兴起的阵头表演形式，原型是传统阵头中的哪吒（三太子）。在巡游中，巨型的木偶哪吒会随着电子音乐肆意舞动，相当动感，很受年轻人喜欢。

台茶外销第一人

最初，台湾制茶技术很差，每年都要将大量毛茶运到福建加工包装才能外销，诸多不便。英商约翰·都德有感于此，开始从福州聘请制茶师到台湾进行精制茶试验，最终大获成功。1869年，他将自家精制的近13万千克台湾乌龙茶装入两艘帆船，直运美国，不料大受欢迎，由此他一炮而红，成为台湾乌龙茶运销国际第一人。

热闹的茶业妈祖祭典

海神妈祖是台湾茶业的守护神。每年茶季，台湾的茶业公会都要举行盛大的妈祖绕境巡游活动，以表达对妈祖的感恩之情，并借此增强茶业的凝聚力。

海神妈祖

妈祖是我国东南沿海地区广泛信仰的海神。她原名林默，是福建湄洲岛的奇女子，喜欢扶危济贫，深受乡里爱戴。后来不幸因救人牺牲，乡民纷纷立庙奉她为海上守护神。

令人目不暇接的艺阁长龙

艺阁又叫抬阁、装阁，与阵头并称艺阵，大多是装饰有祥禽瑞兽、奇花异草的精美阁子，上坐由小孩子扮演的各种戏曲人物，由人抬着或载在车上形成长长的巡游队伍。

闽茶入台：一场武夷茶苗的远航

鱼坑和冻顶山是台茶的两个主要发祥地，但它们的根都来源于武夷山。柯朝引种武夷茶到台北鱼坑后，1855年，台湾的举人林凤池也来到武夷山，他向天心寺的主持求得了36株武夷岩茶良苗。后来，他将其中的12株茶苗分给了台湾南投冻顶山的农民，这才有了名声远扬的冻顶乌龙茶。

美味茶饮，轮番上阵

乌龙茶、包种茶、红茶以及绿茶是台茶的主要茶类。其中，乌龙茶是台茶最初发展起来的茶叶，也是台茶两百多年来的常胜冠军。而包种茶是台茶的特色茶类，本质上也属于乌龙茶，只是因发酵程度更低，香型和包装不同，才与传统乌龙茶作了区别。20世纪前中期，台湾红茶与绿茶轮番亮相，但是成为台茶超级巨星的，还要数泡沫红茶。

茶底

包种茶的崛起

清末，台湾乌龙茶大量滞销。台商穷极思变，对乌龙茶进行香花熏制、方纸包装，做成了一包包花香四溢、小巧别致的包种茶，推向市场后，大受欢迎。

长条状的文山包种茶

文山包种是台湾北部包种茶的代表，有"北文山，南冻顶"的说法。它茶身粗长，叶尖微曲，因发酵较轻，所以茶叶还遗留着绿茶特有的青绿鲜艳，茶汤也更接近绿茶的清香幽雅。

乌龙茶是台湾茶业的支柱，这里近半的茶园都是乌龙茶园，每年出产的台茶也有六成以上是乌龙茶。冻顶乌龙、文山包种、东方美人茶等台湾名茶都是乌龙茶。

台茶霸主——乌龙茶

冻顶乌龙

半球状的冻顶乌龙茶

冻顶乌龙茶是墨绿带黄边的半球形状，泡开后汤色金黄，带花香和焦糖味，浓厚甘醇。

茶汤

茶汤

害虫造就的东方美人茶

被害虫浮尘子吸食过的茶叶，自然发酵后就成了东方美人茶。它白、青、黄、红、褐五色相间，茶汤有天然的蜜糖和熟果香。

干茶

流行饮品——泡沫红茶和奶茶

泡沫红茶是用调酒器调制出的冰甜红茶，香醇味美、冰凉甘甜。它成功混合了传统的红茶香和冰爽的现代口味。

有『珍珠』的奶茶

珍珠奶茶是加了粉圆和牛奶的泡沫红茶。因粉圆乌黑晶亮犹如黑珍珠而得名。还可以根据口味，加入椰肉、布丁等配料，浓香诱人。

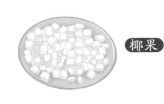

椰果

红豆与布丁

西米露

水做的蛋糕——奶盖茶

奶盖茶下层是冰爽可口的红茶或绿茶，上层则是浓香顺滑的奶油，再盖上草莓、芒果肉等，好似茶水做的小蛋糕。

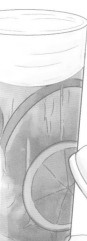

图书在版编目（CIP）数据

茶，一片树叶里的中国. 四季可采华南茶区 / 懂懂鸭著. --北京：电子工业出版社，2023.8

ISBN 978-7-121-45982-5

Ⅰ.①茶… Ⅱ.①懂… Ⅲ.①茶文化－中国－少儿读物 Ⅳ.①TS971.21-49

中国国家版本馆CIP数据核字（2023）第130029号

责任编辑：董子晔

印　　刷：北京盛通印刷股份有限公司

装　　订：北京盛通印刷股份有限公司

出版发行：电子工业出版社

　　　　　北京市海淀区万寿路173信箱　邮编：100036

开　　本：889×1194　1/12　　印张：24　　字数：532千字

版　　次：2023年8月第1版

印　　次：2023年8月第1次印刷

定　　价：248.00元（全4册）

凡所购买电子工业出版社图书有缺损问题，请向购买书店调换。若书店售缺，请与本社发行部联系，联系及邮购电话：（010）88254888，88258888。

质量投诉请发邮件至zlts@phei.com.cn，盗版侵权举报请发邮件至dbqq@phei.com.cn。

本书咨询联系方式：（010）88254161转1865，dongzy@phei.com.cn。

·作者团队·

　　懂懂鸭是飞乐鸟品牌旗下的儿童原创品牌，由国内多位资深童书编辑、插画师、科普作家协会成员组成，懂懂鸭专注儿童科普知识的创新表达等相关研究，坚持做中国个性的儿童原创科普图书，以中国优良传统美德和深厚的文化为核心，通过生动、有趣的原创插画，将晦涩难懂的科普百科知识用易读、易懂的方式呈现给少年儿童，为他们打开通往未知世界的大门。近几年自主研发一系列的童书作品，获得众多小读者的青睐，代表作有《国宝有话说》《好吃的中国》等，并有多个图书版权输出到日本、韩国以及欧美的多个国家和地区。